MÉMOIRE

SUR LES

MALADIES ÉPIZOOTIQUES

AVEC L'INDICATION DES REMÈDES

Propres à les guérir

PAR

M. RICURT

ANCIEN ÉLÈVE EN CHIRURGIE

TOULOUSE

IMPRIMERIE DE A. CHAUVIN

RUE MIREPOIX, 3

—

1854

TOULOUSE, IMPRIMERIE DE A. CHAUVIN, RUE MIREPOIX, 3.

PRÉFACE.

Cet opuscule que l'on offre au public, est le résultat de beaucoup de méditations et de très nombreuses expériences dont toutes en ont démontré l'importance et l'utilité; il a été composé principalement dans l'intérêt des propriétaires et des fermiers qui, pour la culture et l'amélioration des domaines qu'ils exploitent, se servent plus spécialement des animaux de l'espèce ruminante, ou qui se livrent à l'élève du bétail; il a pour objet de prévenir ou de conjurer ces funestes épizooties qui éclatent ordinairement pendant les plus fortes chaleurs de l'été, et dont les ravages apportent, dans un instant, la ruine et la désolation chez la plupart des habitants des campagnes.

Ce petit livre est donc pour eux d'une indispensable nécessité, et doit être considéré à leurs yeux comme un véritable trésor, puisqu'ils y trouveront l'indication des moyens qu'ils ont à employer pour se sauvegarder contre de pareilles calamités. Vu surtout la modicité de son prix, tout propriétaire, fermier ou cultivateur doit s'en procurer un exemplaire, et l'avoir constamment à sa disposition, afin qu'il puisse à l'instant apporter au mal un remède aussi prompt que le mal lui-même.

Heureux l'auteur si, par la pratique plus fréquente des salutaires prescriptions qu'il renferme, il a pu faire quelque bien à la société!

MÉMOIRE

SUR LES

MALADIES ÉPIZOOTIQUES.

Lorsqu'une maladie épizootique se manifeste dans quelque canton ou commune, le premier soin doit se porter à la faire guérir, en appelant un médecin vétérinaire, qui commencera par étudier le **caractère de la maladie**; et il lui sera facile de reconnaître si c'est une véritable épizootie, d'après les symptômes indiqués dans le présent Mémoire. Chaque propriétaire pourra lui-même facilement en faire l'application; il ne faut jamais s'écarter des **remèdes** qui se trouvent prescrits dans cet ouvrage, soit pour les animaux à grosses cornes, soit pour les animaux à laine.

Ce n'est qu'après avoir essayé, sans succès, bien des recettes et des remèdes que l'on songe à prendre des mesures pour arrêter les progrès de la contagion; mais souvent on les prend trop tard, et plus souvent encore elles sont insuffisantes, faute de connaître les causes qui la propagent.

Il faut que les propriétaires et fermiers apprennent à assurer, par leurs propres soins, la conservation de leur bétail, qui, en partie, fait leur bien-être, ainsi que celui du consommateur.

Il suffit d'éclairer les hommes sur leurs intérêts,

et de leur montrer les dangers qu'ils ont à craindre, pour qu'ils se portent d'eux-mêmes à faire ce qui peut favoriser l'utilité générale ; en négligeant ces dangers et les précautions nécessaires pour les éviter, on s'expose à porter de fâcheuses atteintes au commerce et à l'agriculture, par la perte entière du bétail, comme il est arrivé quatre ou cinq années de suite dans presque tous nos départements.

Inutilement on a tenté d'arrêter le cours de cette maladie épizootique par les secours de la médecine vétérinaire thérapeutique, faute de connaître les médicaments propres à combattre cette maladie, qui sévit d'une manière plus spéciale et plus terrible sur les animaux ruminants.

Tout ce qu'il faut éviter lors de cette maladie se réduit à deux choses : 1º ce qui est dangereux ; 2º ce qui est inutile. Dans la première classe, il faut ranger les saignées de précaution, les remèdes échauffants, les doses forcées de thériaque et d'eau-de-vie, les absorbants et les forts purgatifs ; dans la seconde, on doit ranger les amulettes et les eaux dans lesquelles on fait infuser des substances qui ne leur donnent aucune prise, comme les infusions d'antimoine, de mercure et de soufre indiquées par les hommes non compétents.

Les maladies qui attaquent les différentes espèces d'animaux peuvent être divisées en constitutionnelles et en accidentelles : les premières dépendent de la constitution organique des individus qui composent chaque espèce ; les secondes naissent d'une cause étrangère et imprévue, qui dérange tout à coup ou par degrés l'harmonie des fonctions, d'où résulte cette réciprocité coordonnée d'action connue sous le nom de santé.

Depuis l'heureuse institution des Écoles vétérinaires dans plusieurs provinces de l'Empire, et la noble émulation des savants, dirigée vers l'unique but d'agrandir, par des découvertes utiles, toutes les sources de la prospérité nationale, les maladies du premier genre, c'est-à-dire les constitutionnelles, ont diminué beaucoup leurs ravages sur le territoire français; on peut dire maintenant qu'elles rendent à l'Etat les nombreuses victimes qu'elles lui auraient enlevées sans le secours de la médecine vétérinaire thérapeutique.

Grâces aux lumières généralement répandues dans la classe agricole, les méthodes curatives, établies par cette belle partie de l'art salutaire, ont fait disparaître, jusqu'à la dernière trace, l'ancienne routine, et ont entièrement effacé cette marche incertaine et arbitraire, dont les tâtonnements étaient encore bien plus à craindre que les effets naturels des maladies qu'on prétendait guérir; il n'est donc pas étonnant qu'on ait publié depuis peu un si grand nombre d'ouvrages, dont l'utilité s'est fait progressivement sentir dans l'économie rurale pour ce qui regarde principalement la conservation des bestiaux.

Cependant, soit que l'homme ne s'occupe de préférence que de ce qui frappe plus immédiatement les sens, soit que les maladies, auxquelles nous avons donné ci-dessus le nom de constitu- onnelles, réclament par leur fréquence un plus grand intérêt que les accidentelles, les travaux des savants sur les dernières n'ont pas été ni aussi constants ni aussi remarquables que ceux qu'ils ont exécutés sur les premières.

On reconnaît l'existence de la maladie chez les animaux atteints, par la perte absolue ou partielle de l'appétit, ou par l'indifférence ou le dégoût qu'ils témoignent pour le fourrage après en avoir été privés pendant quelque temps; par une soif excessive, ou parce qu'ils refusent de boire comme à leur ordinaire; parce qu'étant pincés vers le garrot et le long de l'épine ou colonne vertébrale, ils s'affaissent subitement en gémissant et en témoignant de la douleur; parce qu'ils ploient les extrémités postérieures quand on appuie sur le derrière des hanches; parce qu'enfin étant pincés en dessous vers le cartilage xiphoïde, ils relèvent fortement l'épine; ce dernier signe est une des preuves les plus sûres que la maladie fait des progrès; par un certain branlement de tête; par les convulsions des muscles du cou et des épaules; par la vacillation des extrémités postérieures, qui sont peu assurées lorsque l'animal marche; par l'abattement et la tristesse; par l'abaissement de la tête et des oreilles; par la chaleur de la bouche; par la saillie ou la rougeur des yeux, dont le blanc est toujours plus ou moins enflammé; par un changement dans la chaleur des cornes, des oreilles et quelquefois des naseaux, et souvent par une petite toux; par la dureté de la région lombaire gauche; par la fréquence et la plénitude du pouls, que l'on trouve facilement au cou ou à l'angle de la mâchoire inférieure ; dans les sujets faibles, il est petit et accéléré. Lorsqu'il sort par les naseaux une morve épaisse , lorsque l'appétit est tout-à-fait perdu, lorsqu'enfin les excréments commencent à devenir liquides, il ne reste plus aucun doute, et tout le monde peut à cette époque reconnaître la maladie ; mais une partie des premiers symptômes suffit pour en constater l'existence.

MOYENS PRÉSERVATIFS.

On ne laissera boire les bestiaux dans l'abreuvoir ordinaire que quand on sera sûr de l'avoir en propre, et qu'il ne servira point aux usages d'une communauté.

Tous les matins on fera boire à chaque animal bien portant une certaine quantité d'eau blanche nitrée ; de deux jours l'un, alternativement, on donnera un lavement composé d'une suffisante quantité d'eau blanche, d'une once de cristal minéral, et de deux onces de miel commun ; et on fera prendre une potion composée d'une once d'huile d'olive ou de lin, d'une once de miel commun et d'un verre de vinaigre dans une chopine d'eau ; on diminuera d'un tiers à peu près la quantité de leurs aliments ; on ne leur donnera point du fourrage sec sans l'avoir auparavant mêlé avec des herbes fraîches de différentes espèces, telles que l'oseille , la poirée, la laitue pommée, le laiteron, la mauve, la scorzonère, etc.

On les frottera plusieurs fois par jour avec des bouchons de paille imbus de vinaigre, dans lequel on aura fait infuser des plantes aromatiques avec de l'ail écrasé; on frottera de la même manière tous les bestiaux à leur retour des champs.

On lavera les naseaux, la langue et le palais avec le vinaigre, dans lequel on aura fait infuser quelques gousses d'ail écrasé.

On leur assujettira dans la bouche des morceaux de bois sur lesquels seront attachés des nouets faits avec l'assa-fœtida et la gomme ammoniaque; on pourra se servir avec le même succès de ce qui va être dit ci-après.

Les étables seront grandes et bien aérées; on aura soin de les tenir propres, et on n'y renfermera qu'un petit nombre de bestiaux. A cet égard on ne peut donner aucune règle précise; mais on peut assurer que moins il y aura d'animaux dans une étable, moins le danger de la contagion sera grand.

On brûlera du soufre dans l'étable avec des plantes aromatiques sèches, comme il va être dit.

Le premier de tous les devoirs du bouvier, ainsi que du domestique, est de tenir les étables et les écuries dans la plus grande propreté, de renouveler l'air aussi souvent que possible, et surtout dans les grandes chaleurs, et ensuite de parfumer les étables et écuries avec des plantes aromatiques sèches et du soufre, que l'on met dans une bassinoire avec du charbon ardent, que l'on secoue par intervalle, afin que toutes ces plantes brûlent sans flamme, parce que ce n'est seulement que pour obtenir une plus grande quantité de fumée.

Il faut que la personne qui fait cette opération

ait soin de bien fermer toutes les ouvertures qui se trouvent, soit dans les étables, soit dans les écuries, pour empêcher la fumée d'en sortir; ne pas oublier, lorsqu'elle se trouvera dans un angle ou coin, de s'arrêter au moins une minute, et par le fait de cette fumigation le miasme qui s'y trouve en plus grande quantité se décompose et disparaît.

Celui qui veut remplir ces indications doit être muni d'une bouteille de vinaigre, de six ou huit onces d'acide vitriolique, de deux poignées de sel commun, de poudre à canon, de nitre en poudre, de soufre et de quelques fagots de menu bois.

Il commencera par mettre des cendres dans une terrine; au milieu il placera un verre rempli de sel commun. Il fera chauffer le tout, il apportera la terrine toute chaude dans l'étable ou écurie, et il versera l'acide vitriolique peu à peu sur le sel qui se trouve chaud; il fera la même opération aux extrémités ou l'étable et écurie, si elle est un peu grande. Les vapeurs blanches qui s'élèvent alors sont très actives. Il obtiendra le même succès en versant l'acide sur du sel que l'on aura fait chauffer auparavant sur une pelle; il fera du feu en différents endroits de l'étable ou écurie, surtout le long des murs et dans les angles.

Il jettera dans les feux allumés de la poudre à canon; il aura soin de ne pas la semer çà et là; mais il en jettera une pincée dans un espace peu étendu, afin qu'elle fasse une petite explosion. Lorsqu'il n'y aura plus de flamme, il jettera du nitre en poudre sur les charbons; il emploiera surtout avec plus d'avantage des pelotons ou masses de nitre un peu considérable : leur fusion a **un** effet plus marqué.

Enfin, il jettera du soufre sur les charbons ; il sortira de l'étable ou écurie, et la fermera bien exactement pour que la fumée et la vapeur ne puissent sortir.

Lucrèce, Virgile et Ovide nous ont laissé des descriptions des maladies épizootiques qui se répandaient de leur temps sur les différentes espèces d'animaux, et dont ils ont signalé les divers symptômes.

Premier symptôme.

L'animal paraît triste et abattu ; il a la tête basse et quelquefois penchée jusqu'à terre, les cornes et la bouche fort chaudes ; les oreilles chaudes et pendantes, les yeux enflammés, enflés et larmoyants, les naseaux fort secs, un écoulement de matière écumeuse par la bouche plus ou moins abondant, un branlement et une agitation fréquente de la tête ; le pouls est fort dur et accéléré ; le cuir est adhérent et comme attaché aux côtes le long de l'épine du dos. Si l'on fait des saignées, le sang paraît noir et dépourvu de sérosité : une toux sèche précède quelquefois tous les symptômes.

Dernier symptôme.

La puanteur de l'haleine, une matière infecte qui sort par le nez, une matière blanchâtre et épaisse qui sort par les yeux et se colle aux paupières, les excréments liquides et quelquefois mêlés de sang et d'une odeur insupportable, le pouls faible et irrégulier, un tremblement et des frissons sur tout le corps, les oreilles, les cornes et la bouche très froides : telles sont les analogies auxquelles on peut joindre celles qui suivent : peu d'animaux échappent à la maladie, et peu de malades à la mort.

Ces deux derniers symptômes ont été communiqués en 1775, après quatre années de maladie épizootique qui ravagèrent, non-seulement la France, mais presque toute l'Europe, en 1770, 1771, 1772, 1773 et une grande partie de 1774. Ces quatre fatales années devraient nous apprendre à nous tenir sur nos gardes, et qu'il ne faut qu'un moment pour que le propriétaire, ainsi que le fermier, se voient ruinés de fond en comble.

La conduite de la plupart des bouviers, des domestiques et des bergers donne lieu, en France, à beaucoup de plaintes de la part des propriétaires et des fermiers, à cause de la négligence qu'ils apportent à l'élève des deux espèces d'animaux ruminants, négligence qui engendre parmi ces animaux de nombreuses maladies putrides et pestilentielles, dont les suites funestes compromettent tout à la fois les intérêts des propriétaires et ceux de l'Etat.

Pour remédier à d'aussi graves inconvénients, l'Etat devrait accorder à titre d'encouragement quelque récompense aux bouviers et aux bergers qui ont constamment ces animaux sous leurs yeux, lorsqu'ils se sont distingués par les soins intelligents qu'ils leurs ont donnés.

Les propriétaires et les fermiers à leur tour devraient aussi surveiller continuellement leur conduite, exciter leur émulation, et les intéresser, par quelque gratification, à leur conservation et à leur accroissement : tel serait le double moyen d'éviter des pertes immenses.

On ne doit jamais mener le bétail au pacage qu'après que la rosée est tombée, et que lorsque le soleil est passé dessus; avant même de faire pacager les bestiaux, on doit leur donner du sel commun qu'on leur éparpillera lorsque ses animaux seront dehors, afin de les purger du miasme de la veille; on aura soin que l'eau ne leur manque pas, principalement en été.

Quant au bétail à grosses cornes, je dis que le plus grand tort qu'ont les bouviers, ainsi que les domestiques, est de faire travailler ces animaux avec la grande chaleur; on doit remplacer ce temps par celui où il fait frais; le bouvier, ainsi que le domestique, peut avoir fait sa seconde rejointe à neuf heures du matin (tant que la lune éclairera la nuit), et d'après ce principe, le bétail se trouve toujours frais, prêt à travailler au besoin et en même temps garanti de plusieurs maladies.

Je recommande, comme je l'ai dit plus haut, de désinfecter les écuries et étables avec les plantes aromatiques sèches, de blanchir, aussi souvent qu'on le pourra, les murs avec de la chaux vive, ainsi que les râteliers de ces deux espèces d'animaux, pour enlever entièrement le miasme qui pourrait s'y trouver.

Remède pour les animaux à grosses cornes, fussent-ils atteints de la maladie pestilentielle.

Prenez un quarteron de bière, mêlez-y une quan-

tité suffisante de bon vinaigre le plus fort (il fau-
drait que dans chaque commune rurale on en eût
la provision pour le besoin), deux onces d'huile de
noix, deux onces de saumure qui ait servi à saler
le cochon ; on le fait prendre un peu tiède par
la bouche; on prendra ensuite un oignon que
l'on coupera en quatre et que l'on remplira de sel
commun, pour le lui enfoncer dans le fondement
ou colon. Voilà le seul remède pour combattre
toutes les maladies auxquelles ces animaux sont
sujets, même l'enflure générale.

Remède pour le bétail à laine, principalement pour les brebis.

Les brebis sont sujettes à certaines pustules qui
leur viennent entre les jambes et dont elles meurent
promptement : c'est une peste chez ces animaux.
Sitôt que l'on s'aperçoit de cela, on prend de la
fiente de bœuf que l'on délaie avec du fort vinaigre; on se hâte de faire chauffer un fer qui soit
rouge pour cautériser le bubon ou charbon; on
frotte ensuite avec le mélange ci-dessus, et chaque
brebis doit en prendre une cuillerée toujours un
peu tiède; par précaution on peut en donner une
demi-dose aux autres, et l'on peut assurer de la
guérison de ces animaux, même de la peste.

Lorsque ces animaux sont malades, ce qui arrive
ordinairement vers la fin du mois d'août, on met
dans un sac de la poudre de chaux vive qu'on leur
secoue sur le corps aux approches de la nuit; il
faut encore examiner leur mâchoire supérieure, et
si, au haut du palais, il se trouve une espèce de

verruc, il faut l'arracher, et leur donner en même temps une ou tout au plus deux cuillerées du breuvage suivant : on prend en poudre de la graine de moutarde et du soufre, on délaie le tout avec du fort vinaigre et une quantité suffisante de mithridate, et l'on y mêle aussi de la saumure.

Si ces brebis sont malades à en désespérer, on doit les saigner sous les deux yeux tout à la fois, et sous un seul s'il y a moins de danger.

Maladie du pied du mouton comme de celui de la brebis.

On sait que le mouton et la brebis sont atteints d'une maladie peu connue sous le nom de piétin, maladie qui se porte dans la fourche du pied, qui est un bouton ou espèce de bubon qui se met en suppuration très peu de jours après, et ensuite se ferme; alors le pied de l'animal reçoit une grande inflammation, et comme c'est la matière qui commence à fuser, aussitôt que l'on s'aperçoit que le bubon est fermé, il faut entretenir la suppuration par le fer chaud, et cautériser un peu légèrement.

Cette maladie n'est pas contagieuse; elle provient bien souvent de l'échauffement occasionné par la chaleur du fumier qui se trouve en grande quantité dans l'étable; et en entretenant la suppuration quelques jours, on évite que l'animal perde sa laine.

Sur l'Egagropile vaccin.

L'égagropile, mot grec composé d'αἴξ, *chèvre,* d'ἄγριος, *sauvage,* et de πῖλος, *balle de laine,* est une sorte de boule sphérique qu'on trouve dans l'estomac des chamois, des chèvres et de tous les animaux ruminants : c'est une pelote formée de poil, qui, parvenue à une grosseur considérable, obstrue les fonctions, et occasionne assez promptement la mort de l'animal.

On a attribué pendant longtemps des propriétés merveilleuses à cette production animale, avant d'en connaître la nature. Pline nous dit que les habitants des campagnes de l'ancien Latium se livraient à la plus grande joie, lorsqu'ils trouvaient un égagropile dans le corps de quelqu'un des animaux qui composaient leurs troupeaux : tous les voisins accouraient à la fête champêtre qu'on donnait, comme s'ils eussent voulu participer au bonheur de la découverte de l'égagropile, ce qui était un heureux présage du bon état du bétail de la contrée ; on suspendait l'égagropile trouvée au milieu de l'étable, et l'on était dans la crédulité que sa présence éloignerait tout principe d'infection. Les bons effets de l'égagropile s'étendaient jusqu'à l'espèce humaine ; car l'histoire de la ci-devant Lombardie nous instruit que, dans les vastes plaines qui entourent Milan, les femmes, étant presque toutes sujettes à ce gonflement monstrueux appelé goître, et que l'on attribue aux eaux marécageuses qu'on est obligé de boire dans ce pays, surtout pendant l'été, s'empressaient jadis d'acheter, et même à grands frais, quelques fragments d'égagropile pour les porter constamment suspendus au cou, dans la vue d'empêcher la naissance de leurs goîtres ou d'arrêter sur-le-champ l'accroissement de ceux qui existaient déjà.

Nous ne nous étendrons pas davantage sur les prétendues vertus et les mauvais effets des égagropiles ; un tel récit appartient plus à l'histoire des préjugés, enfantés par l'ignorance et la superstition dans les siècles les moins glorieux pour les fastes de l'esprit humain, qu'aux recherches de médecine vétérinaire que nous avons annoncées.

Ce que l'on ne doit pas omettre de dire, c'est que les poissons et les reptiles ont aussi leurs égagropiles : les premiers les rejettent de l'estomac, et c'est cette sorte d'égagropiles qu'on regardait autrefois comme le résultat de la décomposition des algues marines ; les seconds, c'est-à-dire les reptiles, dont l'estomac est susceptible d'une très grande dilatation, gardent longtemps dans ce viscère leurs égagropiles, de sorte que ces amas de poil, de plumes, de becs et de pattes d'oiseaux parviennent à une grosseur considérable. En Hollande, il y en a, chez les amateurs d'histoire naturelle, quelques-uns qui avaient été tirés du ventricule des crocodiles d'Afrique ; ces égagropiles avaient une belle forme sphérique, étaient hérisés de plumes dans toute l'étendue de leur surface extérieure, et il s'en émanait une odeur de musc très agréable.

CAUSE DE L'ÉGAGROPILE.

Tous les animaux ruminants contractent dès leur premier âge l'habitude de se lécher mutuellement ; on sait que leurs mères, du moment qu'elles les ont mis bas, les nettoient avec la langue de toute la crasse mucilagineuse qui recouvre leurs membres en sortant de l'utérus, et qu'elles leur témoignent ensuite la plus grande affection, en les léchant de temps en temps lorsqu'ils se trouvent tranquilles auprès d'elles. Ces animaux apprennent donc la manière de manifester par la même opération leur gratitude, et en font autant à leurs mères ou à ceux de leurs semblables avec lesquels ils se plaisent de préférence ; devenus adultes, ils sont obligés d'avoir recours à ce moyen pour apaiser la douleur causée sur la peau par les aiguillons des insectes dont ils sont molestés sans relâche pendant l'été ; en effet, on observe qu'ils portent souvent la langue sur les parties piquées, pour y faire cesser, à l'aide de la bavosité salivaire qu'ils y déposent, la cuisson douloureuse ou la démangeaison importune qu'ils éprouvent. Or, il est aisé de concevoir que, par une pareille opération très fréquemment répétée, la langue enlève aux endroits léchés de la peau une certaine quantité de poil, lequel, introduit dans la bouche et avalé, tombe dans la panse ou amasc, premier estomac de ces animaux ; invisqué ensuite dans la mucosité gastrique dont ce viscère abonde, et graduellement entraîné, avec cette même liqueur gluante, dans le second estomac ou bonnet, la capacité bien moins étendue de celui-ci en rapproche les filaments épars, les entasse, à l'aide de son mouvement péristaltique, les uns sur les autres, et finit par faire prendre à toute la masse la forme correspondante à la capacité de la surface intérieure. Une preuve convaincante que l'égagropile vaccin doit son origine au poil avalé par l'animal en se léchant souvent la peau, c'est que les troupeaux des pays froids ne manifestent que très rarement une telle maladie, tandis que ceux des pays chauds y sont sujets presque continuellement. La nécessité dans laquelle ces derniers se trouvent de porter à tout moment leur langue sur la peau pour soulager les parties piquées par les insectes, comme nous l'avons déjà dit, favorise sans cesse l'augmentation de l'amas pileux dont on vient de parler.

Telle est la véritable cause de l'égagropile des bêtes à grosses cornes.

Symptômes qui annoncent l'existence de l'égagropile.

Le premier symptôme diagnostique de la formation de l'égagropile dans l'estomac des bêtes à grosses cornes, c'est un écoulement de bavosité qui paraît tout à coup, et qui sort de la bouche et de leurs naseaux en très grande abondance; l'animal est dans ce temps très altéré, et quoiqu'il ne cherche qu'à boire, il boit cependant très peu, et ne suce l'eau que par gorgées interrompues et d'une très courte durée; sa rumination est alors bien plus fréquente qu'à l'ordinaire; il demeure dans cet état pendant plusieurs jours sans éprouver le moindre soulagement de la part des remèdes qu'on lui administre, tantôt sous une indication, tantôt sous une autre. Les intervalles de la rumination deviennent ensuite si rapprochés, qu'on peut dire qu'il rumine presque toujours. A ce nouveau symptôme se joint parfois celui du refus des aliments, dont la seule vue excite en lui sur-le-champ le besoin plutôt de ruminer que de manger.

Les évacuations excrémentielles sont très liquides, d'une couleur jaune noirâtre, d'une odeur fétide, insupportable, ce qui engage les experts routiniers à caractériser la maladie comme putride, ou bien comme l'effet de ce qu'ils appellent dans leur langage insignifiant un grand échauffement. On peut bien se figurer que dans ce cas toutes les boissons rafraîchissantes, tous les spécifiques purgatifs, tous les clystères anti-putrides sont mis à contribution pour lutter contre les symptômes que l'on remarque; malgré cela, presqu'aucun des remèdes, regardés comme les plus efficaces, n'est approprié à la véritable cause de la maladie; il s'ensuit qu'on n'en retire d'autre résultat que celui d'épuiser progressivement les forces organiques du corps malade, en dérangeant la nature dans tout ce qu'elle aurait fait spontanément pour prolonger, à l'aide de ses propres ressources, la vie de l'animal ; la toux se présente de temps en temps, et annonce, par ses violentes reprises, une irritation extraordinaire dans toutes les parties destinées à la déglutition. C'est après l'apparition de ce symptôme que l'animal dédaigne constamment la nourriture, ce qui l'amène en peu de jours à un tel état de maigreur, qu'il n'est plus qu'une carcasse décharnée, à peine capable de soutenir son poids; enfin, sa vigueur vitale diminuant à vue d'œil, il est contraint de se coucher par terre dans cette extrême exanition de forces; on le voit passer à un état de stupidité complète, qui se change bientôt en léthargie, et met un terme à son existence. Il mérite par conséquent, de la part des praticiens vétérinaires, une attention particulière, ainsi que les connaissances nécessaires pour le traiter avec succès.

Il est donc du plus grand intérêt pour la France de chercher tous les moyens possibles de parvenir à détruire un reste de virus, qui se trouve empreint dans la masse du sang de ces animaux depuis les quatre ou cinq années citées plus haut; on ne peut atteindre ce but que par le principe du renouvellement sanguin; et d'après l'expérience faite et jugée par les hommes compétents, on ne pourra jamais parvenir à rendre pur et sans vice le sang de ces animaux ruminants, qu'en employant les remèdes cités pour ces deux espèces d'animaux, soit en petite quantité pour les bien portants, soit en la quantité citée pour ceux qui se trouveraient malades. Il faut toujours faire cette opération tous les ans du 15 au 20 août.

Les hommes qui ont de la mémoire devraient se rappeler ce qu'a vu l'intrépide *Valli*, lorsqu'il alla à Constantinople pour y chercher à tout prix la peste et la fièvre jaune; se portant vers l'Anatolie, il vit périr les troupeaux attaqués en entier d'une épizootie pestilentielle; il avait soupçonné que la peste des bœufs a autant d'analogie avec celle qui s'attache aux hommes, que la vaccine avec la petite-vérole naturelle.

Lettre de M. Richard, ancien député du Cantal, adressée à M. Ricurt.

« Paris, le 2 décembre 1850.

« MONSIEUR,

« J'ai reçu la lettre que vous m'avez fait l'honneur de m'adresser ; je poursuis à l'Assemblée nationale la réalisation du projet que j'ai présenté sur la liquidation aux épizooties ; mais je ne saurais m'occuper des moyens curatifs proposés à M. le Ministre par une infinité d'hommes de dévouement.

« Je pense que celui que vous avez proposé attirera toute l'attention qu'il mérite, et que justice vous sera rendue. Nul ne le désire plus que moi dans l'intérêt de notre agriculture.

« Agréez, Monsieur, l'expression de ma civilité empressée,

« Signé RICHARD, *député du Cantal.* »

Voici l'approbation de M. le chevalier de Saubiac, ancien président de la Société d'agriculture, sciences et arts de l'Ariëge, correspondant de la Société d'agriculture de Toulouse et de la Société impériale et centrale d'agriculture de Paris, etc., en faveur du Mémoire de M. Ricurt :

« Monsieur Ricurt, ancien élève en chirurgie, s'étant toujours occupé d'expériences agricoles, ainsi qu'à la recherche des causes et des moyens curatifs des diverses maladies des bestiaux, nous a constamment paru saisir avec une rare intelligence les différents caractères de ces maladies, de même que les moyens préservatifs et curatifs les plus simples et les plus rationnels. Familiarisé avec le langage des cultivateurs, il a pu mieux qu'un autre combattre leurs préjugés, et les initier dans les bonnes méthodes et les pra-

tiques intelligentes qui peuvent s'appliquer, dans la plupar[t]
des cas, à l'art de guérir les animaux domestiques qui leur
sont confiés, et qui, par des soins bien entendus, deviennent des auxiliaires puissants des travaux qu'ils sont tenus
d'accomplir. C'est de ce point de vue que nous avons jugé
le Mémoire qui précède. Puisse notre appréciation devenir
utile au praticien recommandable et au laboureur éclairé qui
en est l'objet!

« Toulouse, le 10 août 1853.

« Le chevalier de SAUBIAC, *signé*. »

« Je déclare pour copie conforme aux deux pièces relatées
dans ce Mémoire : 1º la Lettre adressée à M. Ricurt par
M. Richard, ex-député du Cantal; et 2º l'Approbation de
M. le chevalier de Saubiac, ancien président de la Société
d'agriculture, sciences et arts de l'Ariége, en faveur du
Mémoire de M. Ricurt.

« Au Capitole, le 29 mai 1854.

« *Le Maire de Toulouse*,

« CAILHASSOU. »